花卉栽培养护新技术推广丛书

风信子

Fengxinzi

养花专家解惑答疑

王凤祥 主编

中国林业出版社

《风信子·养花专家解惑答疑》分册

| 编写人员 | 王凤祥 蓝 民 刘书华 唐广凡 郇 军

| 图片摄影 | 佟金成 佟金龙 彭 宏 刘书华

图书在版编目（CIP）数据

风信子养花专家解惑答疑/王凤祥主编. —北京：中国林业出版社，2011.6

(花卉栽培养护新技术推广丛书)

ISBN 978-7-5038-6178-9

Ⅰ.①风… Ⅱ.①王… Ⅲ.①百合科－观赏园艺－问题解答 Ⅳ.①S682.1-44

中国版本图书馆CIP数据核字（2011）第090630号

策划编辑：李 惟 陈英君

责任编辑：陈英君

出 版：中国林业出版社（100009 北京西城区德内大街刘海胡同7号）

网 址：www.cfph.com.cn

E-mail：cfphz@public.bta.net.cn

电 话：(010) 83224477

发 行：新华书店北京发行所

制 版：北京美光制版有限公司

印 刷：北京百善印刷厂

版 次：2011年6月第1版

印 次：2011年6月第1次

开 本：889mm × 1194mm 1/32

印 张：1.75

插 页：2

字 数：55.6千字

印 数：1～5000册

定 价：12.00元

《风信子·养花专家解惑答疑》分册

前言

花是美好的象征，绿是人类健康的源泉，养花种树深受广大人民群众的喜爱。随着改革开放的深入，国家安定昌盛，太平盛世，国富民强，百业俱兴，花卉事业蒸蒸日上。随着人民经济收入、文化层次的不断提高，城市绿化、美化人均面积数量、质量日益发展，大型综合花卉展、专类花卉展全年不断，不但旅游景区、公园绿地、街道住宅小区布置鲜花绿树，家庭小院、阳台、厅室、屋顶也随之掀起养花种草的热潮。鲜花已经成为日常生活不可缺少的一部分。在农村不但出现大型花卉生产基地，出口创汇，还出现公司加农户的新型产业结构，自产自销、自负盈亏的花卉生产专业户更是星罗棋布，打破了以往单一生产经济作物的局面，不但纳入大量剩余劳动力，还拓宽了致富的道路。给城市日益完善的大型花卉市场、花卉批发市场源源不断地提供货源。另外，随着各地旅游景点的不断开发，新的公共绿地迅猛增加，园林绿化、美化现场技工熟练程度有所不足，也是当前一大难题。

为排解在风信子生产、栽培养护中常遇到的问题，由王凤祥、刘书华、蓝民、唐广凡、郇军等编写《风信子》等分册，佟金成、佟金龙、彭宏、刘书华等协助整理，并提供照片，以问答方式给大家一些帮助。本书概括风信子等的形态、习性、繁殖、栽培、应用、病虫害预防等多方面知识，语言通俗易懂，不受文化程度限制，适合广大花卉生产者、花卉栽培专业学生、业余花卉栽培爱好者阅读，为专业技术人员提供参考。

作者技术水平有限，难免有不足或错误之处，欢迎广大读者指正。

作者

2011 年 3 月

问 与 答

问 题

一 形态篇

二 习性篇

三 繁殖篇

六 应用篇

一、形 态 篇

1. 风信子有无别名？是哪个科哪个属的花卉？

答：风信子（*Hyacinthus orientalis*）又称洋水仙、五彩水仙，为百合科风信子属多年生球根花卉。学名中的*Hyacinthus*是希腊语的译音，这是为了纪念古希腊神话中阿波罗所宠爱的斯巴达王子雅青托斯而命名的。风信子的种名*orientalis*意思是东方，因原产地在小亚西亚地中海东沿岸一带。现有分类中的荷兰系统是从风信子东方起源遗传而来，蓝色品种自16世纪进口到荷兰。

2. 风信子的根是什么形状的？

答：风信子的根生长在鳞茎底部根盘的四周，乳白色至乳黄色，新根嫩脆，截面圆形，直径0.2厘米左右，长可达15厘米，少有分枝。多数为1年生，生长一个生命周期，翌年春季或冬季发生新根，无主根，须根多数。每年发生的新根老化脱落后，在根盘上留下一轮痕迹，故观察根盘基本可判断鳞茎的年龄。

3. 风信子的茎是什么样的？

答：风信子的茎是球状的，因品种不同有卵圆形、圆形等，由很多层鳞片组成，每一个鳞片实际是叶的基部膨大增厚而构成。鳞片中贮藏有大量养分和一定量水分。鳞片按生长年龄从外向内可分为外皮膜质鳞片、生叶鳞片、宿存鳞片、鞘叶鳞片、分生鳞片等5层。鳞片先端大多有一部分呈干膜质。

(1) 膜质鳞片：鳞茎最外面一层硬干膜质，颜色因品种不同有干黄色、淡褐色、黄褐色、黄色带有红色等，为生叶鳞片3～4年后老化干燥被淘汰的鳞片。这类鳞片尚有保护鳞茎的作用，但也是藏匿病虫害的地方。这层鳞片在栽植时应将其剥除。

(2) 生叶鳞片：这类鳞片又称带叶鳞片、有叶鳞片或营养鳞片。具有带叶鞘的完整鳞片，鳞片的寿命约有4年。生叶期只有不足1年，也就是叶片分化形成并萌发出土的第一年，完成一个生命周期后鳞片先端不会再萌发叶片，只有随生长分化新的叶片出土生长，这一个鳞片即变为无叶的宿存鳞片，但这一鳞片中仍贮存鳞茎需要的养分及水分，供休眠期消耗利用。当由内向外生长变化，经过宿存期进入老龄期后，水分消失枯干，即变为膜质鳞片，最后被淘汰。

(3) 宿存鳞片：这类鳞片多为2～3年生鳞片，是第一年或第二年生叶鳞片，叶片经一个生命周期生长后脱落而留下的宿存部分，这一部分是构成鳞茎的主要成员，肉质部厚，能大量贮存休眠期养分供鳞茎组织及花芽的消耗。

(4) 鞘叶鳞片：是指新芽形成后包裹在叶片两侧，无叶片的叶鞘转化成的肉质鳞片，这类鳞片也随叶片生长而扩大膨胀，夹在宿存鳞片内，存活寿命同样有3～4年，变为宿存后再转化为膜质鳞片。

(5) 分化鳞片：又称分生鳞片，为鳞茎开过花后在根盘上发生，当年不能开花，分生小鳞茎上的鳞层，实际这种鳞片是另一个新生鳞茎的鳞片，当生长到一个生命活动周期时，这一个鳞茎会具有膜质、生叶、宿存及鞘叶鳞片。分生的小鳞茎当年可有3～9片叶。

根盘实际是正常茎退化缩短而来，在根盘上部可见到脱落叶片的痕迹，每一个痕迹均呈互生围绕根盘1/2～2/3排列。目前习惯用周长衡量鳞茎大小，周长9～10厘米通常即有花，再小的则无花。

4. 风信子的叶片长什么样？

答：叶片5～9枚簇生，抽生于鳞茎内。带状，先端急尖，基部逐步变宽变厚形成叶鞘（即鳞片），着生于根盘上，开张度小，稍内捧。叶长20厘米，宽2～3厘米，鲜绿色有光泽，平行脉不明显。

5. 怎样识别风信子花的形态？

答：风信子的花生于根盘抽生于叶丛。花梗圆柱形，中空肉质，高15～30厘米，稍高于叶。总状花序，花多而密集，苞片膜质，花蓝色、紫色、红色、粉色、白色等，漏斗状，花被管基部膨大成囊状，花被先端6裂，裂片长圆形向外反卷，具芳香。雄蕊着生于花被管内，比花被管短，雌蕊与雄蕊近等长。花期在温室内1～3月，室外4～5月。

6. 风信子的果实什么样？

答：风信子的果实为蒴果，三棱形，果实成熟时室背裂开，种子为不规则扁圆形。

7. 怎样描述风信子的整体形态？

答：风信子为百合科风信子属多年生直立草本球根花卉。鳞茎近球形，直径可达4厘米以上，外具干膜质皮，膜质皮因品种不同有黄色、黄褐色、黄紫色等。基生叶带状，丛生，开张度小，先端急尖。花梗肉质，略高于叶，中空。小花总状排列，花多而密生，苞片膜质，花色有蓝色、紫色、粉色、红色、白色等，漏斗状，花被管基部膨大成囊状，花被裂片6枚，裂片长圆形向外反卷，具香气。雄蕊着生在花被管内，比花被管短，雌雄蕊等长。花期4～5月。

8. 葡萄风信子有别名吗？如何称谓？

答：葡萄风信子（*Muscari botryoides*）又有蓝壶花、葡萄百合、葡萄麝香兰、麝香风信子等别称。拉丁学名*Muscari*为希腊语麝香的意思，*botryoides*意思是总状花序的。为百合科蓝壶花属，又称麝香兰属球根花卉。

9. 怎样识别葡萄风信子的根？

答：葡萄风信子的根细线形，肉质，脆嫩，通常白色，偶有带红色者，长10～15厘米，生于小鳞茎的根盘外侧，生长在疏松土壤中的较为顺直，在园土中多有弯曲，容器栽培因受容器限制也多弯曲。

10. 怎样识别葡萄风信子的茎？

答：葡萄风信子的茎为小鳞茎，卵圆形或近圆形，直径约2～3厘米。外面干膜质鳞片白色。内部鳞片与风信子相同，众多鳞片集生于根盘上，根盘实际是缩短的茎，有明显茎节，节上发生新根，并生有潜伏芽点，适宜时期能发生新芽。

11. 怎样识别葡萄风信子的叶片？

答：葡萄风信子的叶基生，线形，边缘内卷，长可达30厘米，两列，先端渐尖，基部渐宽形成叶鞘，并扩大增厚成生叶鳞片。

12. 怎样识别葡萄风信子的花？

答：葡萄风信子的花梗由球茎内叶腋抽出，直立，挺出高于叶片，花梗细弱中空，圆柱形，高10～30厘米。花密集着生于花梗先端，集成总状花序，苞片干膜质，花有蓝、淡蓝、红、粉、白等颜色，花小，花被壶状不开展。花期5月，室温内2～4月。

二、习性篇

1. 养好风信子需要什么环境？

答:风信子为夏眠花卉，原产非洲南部及小亚细亚一带。喜凉爽，较耐寒，华北地区露地越冬。不耐酷热，高温促使休眠。喜光照充足，能耐直晒，能耐半阴，过于荫蔽花朵稀疏，花色暗淡，茎叶纤弱，易产生倒伏。喜潮湿空气，空气湿度过小会引发叶片干尖，花瓣先端干枯，叶片失去光泽。喜疏松、肥沃、富含腐殖质、排水良好的沙壤土，pH值保持6.5～7.5之间，在湿度不足、含水量较少的贫瘠土壤及高密度土壤中长势极差。

2. 风信子对水分及空气湿度有什么要求？

答：风信子对水分及空气湿度的要求在两个阶段不一样。在生长阶段，由新芽发生至花后茎叶枯萎阶段需要充足水分和较高的空气湿度，这是非常重要的，此时水分及空气湿度不足，会导致生长不佳、开花不良，并影响新鳞茎的生成与生长。休眠期需要干燥，空气湿度过大或遇水，鳞茎易罹病虫害等导致腐烂。

3. 养好葡萄风信子需要什么环境？

答：葡萄风信子为夏眠花卉，原产欧洲南部。喜凉爽气候，耐寒，北京地区露地越冬。不耐酷热，高温促使休眠。喜充足光照，稍耐半阴。直射光过强，过于干旱，叶片卷曲度加大，叶片先端易枯萎；过于荫蔽，植株长势弱，叶片软弱，花朵稀疏，易倒伏。喜通风良好及潮湿空气。喜肥，喜疏松肥沃、富含腐殖质的沙壤土，pH值保持在6.5～7.5之间，在贫瘠土、高密度土中生长不良。

三、繁殖篇

1. 怎样在温室内选用平畦栽植小鳞茎繁殖风信子?

答：风信子达到开花年龄的鳞茎会在根盘上生出小鳞茎，俗语称其为子球。利用子球繁殖，性状稳定，为目前最常见的繁殖方法之一，但繁殖量小为其不足，为解决这一问题，目前又采用了鳞片繁殖、切削繁殖等方法，下面另题介绍。小鳞茎栽植分为温室平畦栽植、阳畦栽植、小弓子棚栽植、温室内容器栽植，容器栽植在阳畦、小弓子棚里养护管理等方法。风信子进入成球期后，开花后老鳞茎会分生出1～2个稍大的鳞茎，另外在根盘四周着生的潜伏芽也会发生3～8个小鳞茎。新鳞茎经夏季贮藏后秋冬之际栽植仍能开花。而小鳞茎即为繁殖材料。

(1) 小鳞茎贮藏：

6～7月份开花后的老本，地上部分枯萎后，将畦坛栽植的风信子掘出，容器栽培的脱盆，剪除枯萎部分及杂物，将小鳞茎清理洁净，如沾有泥土应洗净，置阴凉处阴干，收集放在塑料纱网或竹帘、苇帘、竹筛上，置通风良好场地，喷洒一遍75%百菌清可湿性粉剂800倍液，或70%甲基托布津可湿性粉剂1000倍液，或50%多菌灵可湿性粉剂1000倍液，阴干后放入竹筛、箩筐或专用贮藏箱。装箱前按大小分为大、中、小3级，并分别堆放。种球库宜通风良好，室温不高于30℃。贮藏期间要多翻动、勤检查，发现问题及时处理。如果有条件放置在9℃以下库温贮藏则更好。

(2) 平整场地：

于9～10月份将温室内杂草、杂物清理出室外并做妥善处理，切勿清了这里乱了那里。由任何一侧开始做全面平整，并做成0.2%～0.3%坡度。

(3) 灭虫灭菌：

平整完成后喷洒一遍杀虫灭菌剂，通常用70%甲基托布津可湿性粉剂500～600倍液，或75%百菌清可湿性粉剂600～800倍液，或50%多菌灵可湿性粉剂800～1000倍液加40%氧化乐果乳油1200～1500倍液。如有地下害虫可浇灌50%马拉硫磷乳油1000倍液或3%呋喃丹颗粒剂干撒，每亩用量1.5～2千克。

(4) 翻耕叠畦：

翻耕前先在平整好的土地上确定畦及操作通道的位置，习惯上东西两侧靠墙留30～40厘米畦埂位置，南窗下因低矮及光照不足的地方留30～40厘米位置，北侧为通道最窄不窄于1.3米。按尺度定点放线，并每亩施入腐熟厩肥2500～3000千克，或腐熟禽类粪肥、腐熟饼肥、颗粒粪肥等为1000千克左右，并加入腐叶土或腐殖土1000～1500千克。宜撒均摊平，全面翻耕，翻耕深度不小于20厘米，翻耕后耙平压实。按南北为长度，东西为宽度定点叠畦埂，畦宽1.2～1.5米，长按温室进深而定。畦埂踏实刮平后高10～15厘米，宽25～30厘米。叠好后畦内再次翻耕耙平，浇一次透水。水渗下后，将坑洼不平处用原土填平准备栽植。

(5) 小鳞茎栽植：

水渗下填平畦土后，随即将小鳞茎按大、中、小分类栽植，株行距按5～8厘米×8～10厘米。用手握好小鳞茎使其芽点向上按入水湿的泥土中，压入泥土中的小鳞茎应为高的1/2左右。一畦栽植好后随即覆土，至不见小鳞茎为准。覆土如有条件选用腐熟马粪或腐叶土则对小鳞茎发芽出土更有利。如选用腐殖土，应做pH值检测，使其保持在6.5～7.5之间。

(6) 浇水：

栽植后仍需浇透水。这次浇水因球茎较小，覆土又浅，如果水压过大、流速过快，很可能将小鳞茎冲出土外，甚至连同土壤冲向畦的另一方，进水处也容易冲刷成坑，固在进水口处需垫一个草垫或可渗透的编织物，将水浇在垫上得到缓冲后再渗流到土表。另外也可选用喷灌，喷浇时选用细喷嘴，但需喷透。第一次浇透水后过2～3天浇第二次透水，保持畦土偏湿，20天后逐步减少浇水量，改为土壤不干不浇。浇水的原则，高温天气、旱天、风天、晴天多浇；阴雨天气少浇或不浇。

(7) 对室温的要求：

栽植后自然气温尚高，应加强通风。如有条件，最好将室温调整至9℃以下，以2～7℃为最好。进入12月份将室温调整到17～20℃。翌春自然气温升高应采取降温措施，如果能将最适气温维持到6～7月份，将得到较大的鳞茎。

(8) 追肥：

在温室中，温室达到15℃以上、30℃以下，在生长期间每10～15天追液肥1次。开始时稀薄，以后逐步加浓。应用无机肥时多施磷钾肥，少追氮肥，施用浓度为2%～3%，根外喷施为0.2%左右。防止叶片徒长，造成鳞茎长势变慢，追肥直至叶片枯萎时停止。

(9) 中耕除草：

如果土壤未经高温药剂消毒灭菌，在适温、适湿环境中，杂草滋生率很高，除中耕同时薅除外，应随时发生随时薅除。因土壤较为疏松，如果土表不板结可免除中耕，如板结时应浅中耕松土。

小鳞茎栽培3～4年即可长成开花鳞茎，但栽培中需隔2～3年轮作1次。

Q. 怎样在阳畦内栽植风信子小鳞茎？

答：在阳畦栽植风信子小鳞茎与简易温室栽培小鳞茎栽培方法基本相同，但温度控制方法不同。阳畦栽植相对比较经济，栽培养护也与简易温室相差不多，但生长速度多数慢于温室栽培的。

(1) 平整场地：

选背风向阳、排水良好场地进行平整，将场地内杂草、杂物清理出场外并做妥善处理。平整好后定点放线并做好标记。

(2) 挖叠畦床：

阳畦的长宽习惯上按小于一张蒲席而定，假如蒲席为2米×8米，阳畦的长宽应该是1.6米×7.6米，挖畦床应在这个尺度线内。挖掘出的土方叠拍在北侧及东西两侧，随堆土加高随拍实，随用平锹拍打切齐，使畦壁与床底及床面呈90°角，床底必须呈平面。南侧向下挖至距自然地面20～25厘米，北侧距堆叠土方顶部30～35厘米，东西两侧为斜面，北高南低，阳畦四壁顶部实际是一个坡面，但畦底是平的。在畦面上横向每1～1.5米设一个直径10～12厘米木棍，也可选用5×5×200（厘米）方木或3×40×40（毫米）角钢，或直径2.5厘米钢管作支架（俗称横木），支架埋入畦壁土表， 以利覆盖薄膜。

(3) 施基肥：

阳畦叠挖完成后，畦床（畦底）每平方米施入腐熟厩肥3～4千克，腐叶土或腐殖土8～10千克，细沙土12～15千克，应用颗粒粪肥、禽类粪肥、腐熟饼肥应为1～1.5千克，并将床土在深15～20厘米内翻耕均匀。浇一次透水，待水渗下后，对因压实不够造成的坑洼不平处用原床土填平。

(4) 杀虫灭菌：

畦床叠制完成后，喷洒一遍杀虫灭菌剂。通常选用50%辛硫磷乳油800～1000倍液浇灌床底，或3%呋喃丹粉剂每亩用量1～1.5千克。栽植后喷洒70%甲基托布津可湿性粉剂600～800倍液，或75%百菌清可湿性粉剂600～800倍液，加20%杀灭菊酯乳油2000～3000倍液，或40%氧化乐果乳油1000～1200倍液。如有线虫病史以及地下害虫多的地区，应另加防治。

(5) 小鳞茎栽植：

水渗下后仍潮湿时，将小鳞茎按6～8厘米×8～10厘米株行距用手压入畦土中，压入球高的2/3～3/4，覆土至不见小鳞茎芽点。如有条件覆盖腐熟马粪、腐叶土或腐殖土则更好。覆土不宜过厚，以鳞茎先端向下1～2厘米处为最好。栽植时间多在9～10月。

(6) 浇水：

因鳞茎较小，栽植土又疏松，浇水时水压过大、水流冲击力过强，很可能将土壤连同小鳞茎冲出土外或冲向一旁，故在供水进水口处的畦面上垫一层草垫或其它编制物，以减轻水流冲击力。也可选用细孔喷头直接喷向土面，直至湿透，栽植后保持畦土偏湿。20天后逐步减少浇水，保持土表不干不浇。冬季保持偏干。翌春天气回暖后保持湿润。雨季及时防涝、排水。

(7) 追肥：

生长期间每10～15天追液肥1次。第一次液肥宜稀薄，以后逐步加浓。应用无机肥其浓度为2%～3%，喷施浓度应为0.1%～0.2%。追肥应视自然气温而定，通常自然气温高于15℃时浇或喷施，低温或高温天气不再追肥。

(8) 中耕除草：

通常肥后或土壤板结时浅中耕。如果土壤疏松不易板结，可免除中耕，但杂草在适温、适湿环境中随时均有发生，应随发现随薅除。

(9) 覆盖保温：

室外自然气温出现0℃时覆盖塑料薄膜。晚上薄膜上再覆盖蒲席，或厚草帘、或保温被，翌晨掀开蒲席充分受光。蒲席覆盖时间应为晚5:00～5:30，翌晨9:00掀席。除风天、雪天外要坚持掀盖，并要保持畦内温度不低于–2℃。春季自然气温夜间不低于0℃时可不再覆盖。自然气温夜间不低于7℃时，可撤除塑料薄膜。水、肥应按时浇施。翌春气温高于25℃时，加盖遮阳网遮阳降温。

(10) 防雨：

春季未免有雨，在阳畦中无法排水，故在撤除塑料薄膜时只掀开放在一旁，遇雨可覆盖防雨，覆盖时应考虑使雨水排走，不能流入畦内以防水涝。

(11) 掘挖贮藏小鳞茎：

植株地上部分枯萎后，用铁铣或专用工具由畦的一侧将鳞茎掘出土外，剪除黄枯叶片并将其清理洁净，如杂物粘附过多可用清水洗净，稍风干后将其在竹帘、苇帘上摊开，喷洒一遍70%甲基托布津可湿性粉剂500～800倍液，或75%百菌清可湿性粉剂600～800倍液，或50%多菌灵可湿性粉剂800～1000倍。阴干后放置于专用贮藏箱或竹筛箩筐等容器中，置种球库贮藏。贮藏期间勤翻动、勤检查，发现问题及时处理。

3. 怎样在小弓子棚中栽植风信子小鳞茎？

答：小弓子棚中平畦栽植风信子小鳞茎，除建弓子棚与建阳畦有区别外，其它养护管理基本相同。建立小弓子棚需选背风向阳、排水良好的场地。

(1) 平整场地：

将确定的场地内杂草、杂物清理出场外，将坑洼不平的地方垫平，并做成0.5%～1%坡度以利排水。

(2) 翻耕叠畦：

按要求或需要面积定点放线并做出标记，在标记线内按每亩施入腐熟厩肥2500～3000千克，应用颗粒粪肥、腐熟禽类粪肥、腐熟饼肥时应为1500～2000千克，另加腐叶土、腐殖土或锯末碎树皮等2000～3000千克。高密度园土（紧黏土）或松沙园土应按实际情况适量增施。在畦内撒匀，然后翻耕。撒肥前先按要求或需要尺度叠畦埂，为了便于养护，习惯上畦宽1.2～1.5米，畦长4～6米。畦埂踏实耙平后高10～20厘米，宽35～40厘米。畦内翻耕深度不小于20厘米，并使肥料及腐殖质均匀分布在土壤中。

(3) 弯制安装支撑架：

选用竹劈、小竹竿、直径10～16毫米圆钢、1/2～3/4金属管等为支撑材料，弯制成倒U形，高0.4～1.2米，宽按畦宽而定。弯制时下料长度增加埋入地下部分，通常每侧为30厘米。支撑架间距1.5～2米。两侧埋入地下后找正，顶端及两侧纵向各设拉撑一条，用铅丝或专用卡子与支撑架牢固绑卡在一起，使全架成为一体。两侧地表处各设压膜线一条，以备压塑料薄膜之用。

(4) 覆盖保温：

栽植好后浇透水。当自然气温夜间降至-2℃时覆盖塑料薄膜，并夜间加盖蒲席或草帘、或防寒被，晴好天气掀开充分受光。当自然气温升至25℃以上时撤除蒲席或防寒被，掀开塑料薄膜一角或一边放风，同时覆盖遮阳网降温。待其适应新环境后，掀除塑料薄膜。仍按时浇水追肥，待地上部分枯萎后掘球贮藏。阳畦及小弓子棚栽植由于温度不好控制，与温室栽植相比，小鳞茎增大较慢，通常要多养护一年。其它养护管理参照阳畦及温室栽植。

4. 怎样在室温中用容器栽植风信子小鳞茎？

答：在简易温室内用容器栽植风信子小鳞茎，其栽培养护与平畦栽培基本相同，所不同的是一个在畦内栽培，一个栽培在花盆或繁殖箱内。

(1) 栽植容器的选择：

选择通透性能较好的瓦盆、红泥盆或白沙盆，口径最好在18～30厘米。或浅木箱，浅木箱目前市场无现货供应，多数自行制作，木箱高10～20厘米，长40～60厘米，宽20～30厘米，利用18～20毫米厚木板制作，不宜过大，过大过重移动不方便。纵向的两侧设提手或提环，箱底预留排水缝隙或排水孔。

(2) 栽植土壤：

为使小鳞茎充实地生长，必须要有疏松肥沃、富含腐殖质、排水良好的土壤。在小鳞茎栽植期应用的土壤为：

普通园土40%、细沙土30%、腐叶土或腐殖土30%，另加腐熟厩肥8%左右；

普通沙壤土园土60%、腐叶土或腐殖土40%，另加腐熟厩肥8%左右；

普通园土40%、细沙土20%、蛭石20%、腐叶土或腐殖土20%，另加腐熟厩肥8%左右。

应用腐熟禽类粪肥、颗粒粪肥、腐熟饼肥应为3%～5%，掺拌均匀后充分晾晒，或高温消毒灭菌后应用。我国幅员广大，各地土壤差异很大，作为小花圃及业余花卉栽培爱好者不必过度苛求组合含量，但必须疏松肥沃，通透性能良好，腐殖质丰富即能良好生长。

(3) 栽植：

先将盆底孔用塑料纱网或碎瓷片垫好，然后装栽植土，随填随压实至容器口下3厘米左右，压实刮平浇一次透水，水渗下后将凹凸不平处填平，再将小鳞茎按株行距4～8厘米芽头向上压入盆土中，覆土1～2厘米。如有条件覆土选用腐叶土或腐熟马粪则更有利于小鳞茎出土。

(4) 摆放：

预先规划好摆放位置。习惯上东西两山墙下预留30～40厘米空间，南窗下过矮且阳光照不到的地方预留约30厘米，北墙为操作兼运输通道，最少应留1.3米空间。横向（东西向）摆5～6盆，竖向按温室进深为一方，用量绳量好后做好标记，按标记线摆放，并需做到横成行、竖成线，方与方间预留养护操作通道，以浇水水管能迂回为准，通常预留宽度40厘米。

(5) 浇水：

摆放好后即浇透水。第一次浇水因土壤疏松，小鳞茎又无根系，应将出水口加装细孔喷头喷浇。栽植后20天左右时间盆土偏湿，以后土表不干不浇水。其它养护管理同温室平畦栽植。

5. 怎样在原地覆盖栽植风信子小鳞茎?

答：顾名思义，原地覆盖即应用平畦露地栽植覆盖越冬的方法。这种方法虽然经济简便、通俗易行，但鳞茎长得慢，故采用者不多。

(1) 平整翻耕栽植用地：

选背风向阳、排水良好场地，将场地内杂草、杂物清理出场外，并做妥善处理，然后定点放线确定平畦位置。畦宽为1.2～1.5米，长6～8米。畦埂踏实耙平后的高25～30厘米，宽25～30厘米。畦埂叠好后将畦内施入腐熟厩肥每平方米4千克左右，加腐叶土5～6千克，须均匀平铺然后翻耕，深度不小于20厘米。应用腐熟禽类粪肥、颗粒粪肥、腐熟饼肥为1.5～2.5千克，随翻耕随耙平，并做成0.2%～0.3%坡度。

(2) 栽植小鳞茎：

翻耕好的畦内浇一遍透水，水渗下后将突洼不平处填垫平整。将小鳞茎芽点向上置于畦中，按6～10厘米×8～10厘米株行距用手稍加压力按入土壤中，覆土3～5厘米。如有条件应用腐熟牛马粪、腐叶土或腐殖土覆盖，对小鳞茎发芽出土更有利。

(3) 浇水：

浇水时将进水口处垫一块草垫，防止因水压过大、水流过急将畦土冲向畦的另一端，造成坑洼不平，甚至将小鳞茎冲出土外，造成缺苗。另一种方法也可将水管加装一个细孔喷嘴喷浇则更好。前期鳞茎新芽萌发、新根发生需要畦土偏湿，20天后改为土表不干不浇水，以利根系呼吸活动。

(4) 覆盖保护：

当自然气温出现0℃时，将畦内横向每隔0.5～1米放一根竹竿或木棍，并将两端固定于畦埂上，竹竿上覆盖塑料薄膜。0℃以下时，晚间再覆盖蒲席、厚草帘或保温被，白天掀开。其它养护管理参照简易温室、阳畦、小弓子棚等。

6. 容器栽植风信子小鳞茎能否在阳畦、小弓子棚等场地越冬?

答：风信子小鳞茎栽植于容器内后，放在阳畦或小弓子棚中养护过冬，与直接栽植于阳畦内没什么不同。风信子在冬季正处于生长期间，所以温度非常重要，不论在什么条件下栽植，应保持最低不低于2℃，最高不超过30℃，但最适温度应在15～20℃。只要不超越温度范围，就能在冬季良好生长。

7. 怎样剥取风信子小鳞茎？

答：夏季当老本开花后，全株地上部分枯萎时，将畦坛栽的苗掘苗，容器栽培苗脱盆，去掉宿土及杂物，剪除地上部分，用手将分生的新鳞茎及小鳞茎分别掰下。掰取时勿伤及顶芽及过多的根盘。

8. 什么叫风信子切茎繁殖？

答：风信子在常规栽培条件下，每年能萌发2～8个子球，这种繁殖速度远不能满足市场要求。选用切鳞茎的方法，小鳞茎（子球）发生率会成倍增加。

操作方法：于7～8月份将成型鳞茎根盘处切削成“十”字或“米”字形切口，切削时将鳞茎倒置，根盘朝上，用利刀在根盘上呈“十”字或“米”字形下切，直至根盘与鳞片连接处。伤口处涂抹新烧制的草木灰、木炭粉或化工商店供应的硫磺粉。待伤口风干后栽植或贮藏，会在伤口处发生小鳞茎，栽培一段时间后即可掰取，成为独立的小鳞茎。

9. 风信子怎样用鳞片扦插繁殖小鳞茎？

答：将风信子大鳞茎倒置，使根盘朝上，用利刀在根盘处像切西瓜块一样向下切，直至先端断开，1个鳞茎可切成2～6块，切后立即涂抹新烧制的草木灰、或木炭粉、或硫磺粉，待伤口风干后扦插，根盘处能发生小鳞茎，经过一段时间栽培即可掰下另植。

10. 风信子切鳞茎或切块扦插繁殖应用哪些基质或土壤？

答：可应用单一土壤或基质独立应用，也可几种组合应用。但必须经过充分晾晒或高温消毒灭菌，所应用的工具、栽植容器等也需消毒灭菌。常用基质或土壤有：

(1) 沙土类或沙壤土类、蛭石、珍珠岩等可单一应用。

(2) 细沙土60%、蛭石40%翻拌均匀后应用。

(3) 细沙土50%、蛭石40%、珍珠岩10%翻拌均匀后应用。

(4) 园土30%、细沙土30%、腐叶土20%、珍珠岩20%翻拌均匀后应用。可任选一种。

11. 风信子怎样播种繁殖？

答：风信子播种通常选用花盆、苗浅或浅木箱为容器，土壤或基质选用沙壤土、细沙土、腐叶土、蛭石等，可独立应用其中1种，也可组合应用。无论单一或组合均需经充分晾晒或高温消毒灭菌后才能应用。种子繁殖量大，重量轻，便于携带运输，但性状不甚稳定，通常用于培育新品种，常规繁殖多不选用。

(1) 播种土壤：

沙壤土、细沙土、腐叶土、蛭石过筛后应用。

沙壤土或细沙土70%、腐叶土或蛭石30%翻拌均匀后应用。

普通园土30%、细沙土30%、腐叶土20%、蛭石20%翻拌均匀后应用。

(2) 选用容器：

选择18～30厘米口径瓦盆、苗浅或浅木箱。浅木箱市场无现货供应，可用普通小包装箱代替，也可在木器加工厂、木桶加工商定做或自行制作，通常选用18～20毫米厚的木板，长40～80厘米，最长不长于120厘米，宽20～40厘米，高10～20厘米，纵向两端安装提手或提环，箱底预留排水缝隙或底孔。应用旧容器应清洗洁净。

(3) 播种：

于8月至9月上旬，将容器底孔用塑料纱网或碎瓷片垫好，然后填装播种基质或土壤，随填装随压实。填装至距盆口约1.5～2厘米时刮平压实，再用两手握两侧盆沿上下蹾3～4次。浇透水，待水渗下后，将下陷的地方用原土填平，即可点播或均匀撒播，覆土至不见种子。再次浸水，置温室半阴处，覆盖玻璃。以后采用浸水保湿，增补水分，月余即可出苗。

大部分种子发芽出苗后，掀开玻璃加强通风。小叶展开后开始追液肥，第一次追肥应稀薄，以后逐步加浓，以防发生肥害。应用无机肥时，应对水成浓度2%左右，并应多追磷钾肥，少追氮肥。随时薅除杂草。室温保持夜间不低于5℃，白天高于25℃开窗通风。随自然气温升高，光照强度加大，应在温室采光面塑料薄膜外加盖遮荫网，遮荫降温，如果能中午遮荫，上下午有直射光则更好。另外如能在夜间自然气温不低于5℃时将其移至荫棚下养护则更好。待地上部分枯萎后，脱盆去宿土，将小鳞茎按大、中、小分类，分别贮藏于种球库中。通常栽培3～4年即可开花。

12. 葡萄风信子怎样繁殖?

答：葡萄风信子为多年生小球根花卉，于开花后鳞茎根盘处滋生多个小鳞茎，将其用手掰下另外贮藏后栽植，即成为一株新的植株。其它繁殖方法、操作方法参照风信子繁殖。

13. 家庭环境怎样处理风信子老鳞茎，才能每年获得较多小鳞茎?

答：将3～4年生的老鳞茎根盘处横向平切一刀，深0.3～0.4厘米，有促进不定芽发生的作用。栽植后翌年会在根盘四周发生数个小鳞茎，收藏时掰下分别贮存。如果小鳞茎很小，应不掰下继续栽植，会同母球一起再次长大，长大后再掰下。

14. 夏季贮藏风信子老鳞茎时，根盘四周有几个很小的芽，应不应该掰除?

答：老鳞茎根盘上发生的芽，实际是小鳞茎的初期，如果不作繁殖用可掰除，更易使鳞茎复壮。如果需要繁殖新株，应将其同老鳞茎一起栽植，经生长一段时间形成小鳞茎后，再掰下独立栽植。

四、栽培篇

1. 道旁及绿地中怎样成片栽植风信子？

答：(1) 平整场地：

城市道路两旁或成片绿地土质及现场往往比较杂乱，甚至堆有砖石瓦砾等建筑垃圾，应将其清除出场外，并做妥善处理。树木、花灌木该修剪的进行修剪。

(2) 翻耕叠埂：

地上部分清理平整后定点放线，按线翻耕栽植场地，同时每亩施入腐熟厩肥3000～3500千克，加腐叶土或腐殖土1500～2000千克，或腐熟禽类粪肥、腐熟饼肥、颗粒粪肥2000千克左右，加腐叶土或腐殖土2000～3000千克。翻耕深度不小于25厘米，如果需要深翻，肥料应按实际情况增加。土壤中杂物过多时，应过筛或更换新土，客土（新土）应为疏松肥沃的园土。翻耕时随翻耕随耙平，并做出0.3%～0.5%坡度。如果面积较大，为便于浇水，应分畦叠埂，叠埂后再次耙平，浇一遍水，水渗下后将坑洼不平处用原土垫平。

(3) 栽植：

鳞茎要选大小基本一致，无人为机械损伤及无病虫害痕迹的相同等级的鳞茎，按15～20厘米株行距掘穴栽植。穴的直径不应小于10厘米，深为球茎高的2倍。栽鳞茎时先回填一层土，再将鳞茎置入穴中，随填随压实，鳞茎顶芽至土表3～4厘米。随栽植随找平，直至埂内一块完成。覆土最好应用腐叶土、腐熟马粪或细沙土。

(4) 浇水：

道旁绿地多数水源不方便，采用水车供水。不论哪种供水方式，供水时进水口处要垫一层缓冲草垫，将水浇在垫上然后渗流入畦内土壤中，以免将畦土冲得坑洼不平，甚至将鳞茎冲出土外。保持畦土湿润利于生根。冻土前浇越冬水，翌春化冻后浇返青水。花期水应充足。

(5) 追肥：

翌春化冻后追肥1次，以后30天左右追1次。追肥选用直条沟施、井字施或围施等埋施方法。直条沟施指在行间由头到尾挖一条深4～6厘米、宽6厘米左右的沟，将肥料撒入沟中，原土回填压实刮平。井字施肥为株行间均挖一小沟，将肥料撒入沟中，原土回填耙平压实。围施与井字施无区别，只是围植株将畦土挖开一个圆周而没有死角，施入肥料后原土回填耙平，压实浇透水。施肥后1周应保持水分供应充足。

(6) 中耕除草：

土表板结、雨后、肥后中耕松土，保持土表通透。除草除结合中耕进行外，时有发生应随时薅除。

(7) 越冬保护：

自然气温上冻后浇1次透水，覆盖一层塑料薄膜四周压严。出现风天或自然气温－3℃后再覆层蒲席。翌春3～4月掀开蒲席，新芽开始生长时掀除塑料薄膜。

2. 简易温室内怎样用容器栽培风信子?

答：(1) 平整规划栽培场地：

将场地内杂草杂物清理出场外并做妥善处理。平整场地做成0.3%～0.4%坡度。如有新添加设施，也应在翻耕前完成，并对所有设施如上水、下水、供暖、保温、遮荫、通风、门窗等进行一次维修。场地内规划好摆放方案，习惯上东墙下、西墙下预留30～40厘米栽培养护通道，前窗下30厘米左右空间因采光面低矮又无充足光照弃之不用，北侧预留1.3～1.8

米运输养护通道。通常栽培场地内横向5～6盆为一排，摆满纵向空间为一方，方与方间最少留0.4米栽培养护通道。规划好后做好标记线，并喷洒一次灭虫灭菌剂。

(2) 选择栽培容器：

通常选择经济又美观的塑料盆，为了提高观赏性也可选择瓷盆，选择瓷盆时，画面不宜过于细腻或色彩过于鲜艳，免得有喧宾夺主之嫌。也可应用10厘米×10厘米小营养钵，每钵置鳞茎1枚，养成后组合也是一个好方法。批量生产也可先在专用器皿中生根，生根后再栽植于盆中效果更好。应用旧容器应保持洁净，如容器沾有黏结污渍，应用钢丝刷或锉刀刷刷净后再用清水洗净再用。

(3) 栽培用土：

沙壤土60%、腐叶土或腐殖土40%，另加腐熟厩肥5%～8%，经充分晾晒或高温消毒灭菌后应用。普通园土30%、细沙土30%、腐叶土40%，另加腐熟厩肥5%～8%，经充分晾晒或高温消毒灭菌后应用。

普通园土30%、细沙土30%、腐叶土或腐殖土20%、蛭石20%，另加腐熟厩肥8%，应用腐熟禽类粪肥、腐熟饼肥、颗粒粪肥为3%～4%，经充分晾晒或高温消毒灭菌后应用。

也可应用市场供应的球根花卉栽培土。

(4) 鳞茎的选择：

选3～4年生、周长17厘米以上，鳞茎光滑端正，无人为机械损伤、无病虫害痕迹，根盘整齐的鳞茎。鳞茎必须经过一段时间9℃以下低温贮藏。

(5) 栽植：

将花盆底孔用塑料纱网或碎瓷片垫好，盆底垫一层建筑用陶粒，陶粒上填一层栽培土约2～3厘米厚，沿盆壁撒一圈腐熟有机肥，然后填栽培土至盆高的1/3左右，将鳞茎摆放于盆内。通常口径10厘米盆栽植鳞茎1枚，口径14～16厘米栽植鳞茎3～4枚，10厘米×10厘米营养钵栽植鳞茎1枚。小营养钵及小盆不垫陶粒也不加肥。稳好后填装土壤至留水口处，并随填土随压实。最后在土地上上下蹾2～3下，使鳞茎与土壤紧密贴实。

(6) 摆放：

按规划线成方摆放，宜横成行、竖成线，以便清点数量及便于养护。

(7) 浇水：

摆放好后即行浇透水。浇水宜轻，不使盆土外溅。如有条件安装细孔喷头时则更好。生根前保持盆内偏湿。出苗后土表不干不浇，土表下保持湿润。花期应偏湿，确保花朵正常开放。

(8) 追肥：

翌春新芽萌动时开始追肥，每20天左右追1次，以磷钾肥为主，氮肥为辅。花后仍需追肥1～2次，以利鳞茎复壮膨大。

(9) 中耕除草：

土表板结、雨后、肥后结合除草进行中耕松土。杂草不但与栽培花卉争夺养分、水分，还遮挡阳光，影响土温的升高，且长大后根系与栽培花卉根系缠绕在一起，铲除困难，故应随发现随薅除。

(10) 温度要求：

栽植好的鳞茎在常温下养护，温室内不出现0℃不必覆盖保护。当气温高于25℃时开窗通风。室温在9℃以下维持50天后，即可将夜间室温提高到12℃，20天左右即可开花。如果按月份计算，11月初提温，元旦前后即可开花。春节前20天提温，春节前后可开花。

3. 在阳畦内怎样用容器栽培风信子？

答：阳畦内容器栽培与在简易温室栽培方法基本相同，但阳畦内温度不易控制，供花期推迟。可以两者结合，阳畦囤苗，温室促成可做到两不误。搭建阳畦的场地必须光照充足、通风、排水良好。阳畦的搭建可参照三、繁殖篇的第2问。将栽植好的花盆放入畦内后浇一次透水。上覆塑料薄膜保温、保湿、防风，当室外自然气温低于0℃时，晚上再覆蒲席或厚草帘、保温被等保护。蒲席等在晴好天气上午9：00掀开，下午4：00～5：00覆盖。雨雪天气及时排水扫雪。冬季需要浇水时，应在中午。翌春天气回暖后，逐步撤除蒲席及塑料薄膜，随时可移入温室促成栽培。

4. 怎样在小弓子棚中应用容器栽培风信子？

答：风信子在简易温室中、阳畦内及小弓子棚中栽培养护方法基本相同。小弓子棚又称滚笼、地笼。小弓子棚实际就是在平畦上加罩一个拱形塑料薄膜棚。建立小弓子棚的方法请参照三、繁殖篇第3问。于上冻前将栽植好鳞茎的花盆整齐地摆放于棚内，覆盖塑料薄膜防风保温保湿。当自然气温下降至0℃以下时，再覆盖蒲席或厚草帘或防寒棉被，晚间覆盖，翌晨掀开。自然气温不低于5℃时撤除全部覆盖，即可正常开花。如欲促成栽培，可与温室栽培相结合，即可提前供花。

5. 选购风信子鳞茎用于盆栽时，选多大周长的球最好？

答：国际花卉市场将风信子商品鳞茎的规格，按鳞茎周径（周长）分为6个等级，即14～15厘米、15～16厘米、16～17厘米、17～18厘米、18～19厘米、19厘米以上等。均可作为盆栽按正常花期供应市场。元旦、春节促成栽培常用15～16厘米、16～17厘米、17～18厘米、18～19厘米4个等级球。实践中观察，风信子鳞茎周长达到8厘米就能开花，但花序中花朵少。据有关资料介绍，周长7厘米就有3～4枚花开。较大的周长可达20～24厘米。通常周长18厘米以上的鳞茎由于花多，花序较重，易倒伏，栽培时需立支杆，多用于容器栽培观赏。而15厘米左右鳞茎，花梗直立挺拔，花朵虽少些，但不易倒伏，多用于园林绿地、花境、花坛的片植团栽。

6. 风信子鳞茎大小与开花多少有什么关系？

答：风信子鳞茎的大小与总花梗花序上着花的多少有密切关系。鳞茎越大花越多，鳞茎越小花越少，甚至无花。一般周径在18厘米以上的鳞茎均能开50～60朵以上的花，而周径6～7厘米只有3～4朵花。8厘米6～8朵，10厘米有花8～10朵，11厘米10～16朵，12厘米16～20朵，15厘米25～40朵。鳞茎的大小与开花多少成正比增加，但与品种也有关系，通常蓝色、紫粉色花较多。

7. 风信子做促成栽培的鳞茎对温度有什么要求？

答：风信子的鳞茎，花后还有一段生长时间，通常到6月下旬掘出，在常温下贮存，9月以前的休眠期中新的叶芽与花芽开始形成，按其习性经过在20℃中放1个月，再移至7℃，7～10天后再移至9℃或2～7℃环境中90～120天，即可提前开花。

8. 风信子怎样促成栽培？

答：(1) 温室准备：

依据市场需求情况确定温室面积及花架数量。准备做促成栽培的场地必须清洁整齐。温室的高度应在3米左右。放置在边上的花架宽60厘米，中间的宽120厘米左右，高度40～90厘米，以65厘米为最好。操作通道即花架与花架间40～50厘米，后口（北侧）搬运及操作通道宽不小于130厘米，理想尺度为200厘米。这样温室利用率约70%。如果选用旋转式花架，利用率可达80%。另外一种利用空间的方法为直接将栽培箱放置在平整的地面上。第一批出圃后，第二批栽培箱叠摞在第一批栽培箱上，如此几次也可起到花架作用。但这种方法滞留了栽培箱，使栽培箱得不到正常周转，还是放一层为最好。

温室应用前应喷洒一次杀虫灭菌剂，药剂常用70%甲基托布津可湿性粉剂800倍液，或75%百菌清可湿性粉剂800倍液，或50%多菌灵可湿性粉剂600倍液加20%杀灭菊酯乳油2000倍液，或40%氧化乐果乳油1000倍液，或50%辛硫磷乳油1500倍液。喷洒宜满布均匀，无死角。对温室内设施进行一次维护，如供水系统、下水系统、通风、供暖系统、保温系统及花架门窗等，如需要新增设施，也应在温室应用前完成。

(2) 对栽培容器的要求：

栽培容器多选用12～18厘米硬塑料盆或小营养钵，应用的容器必须清洁干净。应用旧花盆，黏结在盆壁上的水渍可用锉刀刷刷除后再用清水洗净。应用栽培箱时，目前常见的是一种叫作“郁金香出口箱”，它的尺度为60厘米长×40厘米宽，带18厘米腿的硬塑料箱子，箱内高约8.5厘米。

(3) 栽培土壤：

栽培土壤必须经充分晾晒或高温消毒灭菌，也可用化学药物消毒灭菌。目前国外选用的土壤为经一年冷冻后的黑色泥炭40%～80%，加20%～60%泥炭厩肥混合后，再加腐叶土或粗沙土（建筑用沙）20%～

30%，以增加总的孔隙度。配制完成后测试pH值，使pH值保持在6～7之间，如果测试pH值过低，可用碳酸钙调整，每1立方米土壤加入1千克碳酸钙，pH值将提高0.3%。同时应检测土壤含盐量，但允许土壤中含盐量为每升0.8克。如果促成栽培数量不多，也没条件应用上述标准土壤，可选用沙土类30%、普通园土20%、腐叶土或腐殖土50%，另加腐熟厩肥6%或腐熟饼肥、颗粒粪肥、腐熟禽类粪肥3%～4%，也能良好生长。

(4) 栽植鳞茎：

将容器底孔用塑料纱网垫好，装入一层建筑用陶粒或腐叶土过筛时的粗料（下脚料），填一层栽培土约为容器高的2/3～3/4，将选好的鳞茎置入盆中，填土至留水口处，鳞茎芽点露于土壤外，随填随压实，最后在土地面上用双手握盆沿上下蹾2～3下，使土壤与鳞茎紧密贴严。上盆后摆放在花架上。

(5) 浇水：

可选用滴灌、喷灌及浇灌等多种方式方法。前期保持偏湿，待根系长全后改为土表不干不浇水，但花期应保持土壤水分充足。

(6) 生根时室温：

促成栽培风信子，最理想的生根温度为9℃恒温。在鳞茎初期栽培时，依照这个温度可保持较长时间。如果没有空调，可在10～13℃条件下栽培，10～15天后转入9℃。风信子专用生根室温度为9月开始至3月均为9℃，如有可能可降至7～2℃更为理想。

(7) 追肥：

因生长期很短，通常不再追肥。如长势过弱，在生长期间也可追肥1～2次。

(8) 中耕除草：

组合土壤密度较小，通常不会板结，可免中耕松土，但杂草种子一旦混入土壤，随时均可发生，应随发现随薅除。

(9) 温室保温措施：

生长期间温度9～19℃，最适温度17～19℃。为保持这个温度，冬季室内必须供暖，温室采光面必须设蒲席或保温被保温。蒲席或保温被通常在晴好天气时，上午9：00卷起，下午5：00落下。

9. 风信子怎样作切花栽培?

答：风信子在地上部分枯萎后，鳞茎内部花芽、叶芽仍在不断形成及生长，为确保切花质量需经低温贮藏。目前市场上供应的鳞茎（种球）有两种，一种是经低温处理的，另一种为常规球。低温处理过的鳞茎运到后即可栽植；未经低温处理的常规鳞茎，需栽植后经过一段低温栽培才能良好开花。

(1) 清理栽培场地：

促成栽培的温室不应低于3米，但也不能太高，越高空间越大，需要的供热量就越大，成本增加。风信子对光照要求不高，只要有充足明亮的光照，即能良好生长开花。但在生长期间需要稳定的温度及必要的空气湿度。

应用前先将室内及周边杂草杂物清理出场外并做妥善处理，对所有设施做一遍维修，并进行消毒灭菌。平整好场地后摆设放置花架。花架的材质可应用木质、竹制、3×40×40（毫米）角钢，1/2～3/4英寸钢管或硬塑料制作。靠墙边的花架宽60厘米，中间摆放的宽120厘米，花架高度40～90厘米，但以65厘米最好。养护操作通道宽40～50厘米，搬运操作通道宽130～200厘米。这种尺度在常规设计的温室中利用率为75%左右，如果花架为转动式，利用率可达80%左右。另一种不设置花架的摆放方法是：将促成栽培箱直接摆放在地面上，第一次栽培苗出圃后栽培箱不撤走，而是将第二批栽培箱叠放在第一批栽培箱上，这样代替花架，这种方法看上去省一部分投资，但加大了栽培箱投资，影响了栽培箱周转，还是一样的。

(2) 容器栽培土壤：

风信子切花栽培多数选用栽培箱，而不直接栽植于畦地，这样土壤肥料便于处理，移动方便，盆土温度较高。要求土壤疏松，重量较轻，排水良好又保湿，通透性好，益于根系呼吸作用。pH值保持在6～7之间，含盐量不能过高，通常每升含盐量不大于0.8克。国际上常用黑色泥炭40%～80%，加上20%～60%泥炭厩肥，再加上20%左右腐叶沙壤土。如果栽培数量不多，也可选用沙壤土或细沙土60%、腐叶土40%，另加腐熟厩肥10%，应用颗粒粪肥、腐熟饼肥、腐熟禽类粪肥为4%～5%。或普通园土、腐叶土或腐殖土各50%，另加腐熟厩肥10%，应用颗粒粪肥、腐熟禽类粪肥、腐熟饼肥为4%～5%。或普通园土30%、细沙土30%、腐叶土40%，另加腐熟厩肥8%～10%，应用腐熟颗粒粪肥、腐熟禽类粪肥、腐熟饼肥为4%～5%。拌均匀后经充分晾晒或高温消毒灭菌后应用。

(3) 栽培箱的要求：

目前风信子切花栽培多数应用国际上叫做“郁金香出口箱”。尺度为60厘米×40厘米，带有18厘米腿的硬塑料箱子，箱体内部深度为8.5厘米，以装入足够的土壤。更为重要的是鳞茎底下要留有5厘米土层，土层不但为鳞茎供应养分、水分，还有支撑植株的作用。栽培箱要保持洁净，每次用完后应冲洗干净后收藏。应用前应再次清洗。

(4) 栽培场地消毒灭菌：

应用前先喷洒一遍70%甲基托布津可湿性粉剂800～1000倍液，或75%百菌清可湿性粉剂500～800倍液，或50%多菌灵可湿性粉剂500～1000倍液，加40%氧化乐果乳油或20%杀灭菊酯乳油2000倍液。喷洒宜均匀周到。

(5) 栽植鳞茎：

选择15～16厘米、16～17厘米或17～18厘米周长的鳞茎栽植到箱内穴中，鳞茎体外露1/2～2/3，四周压实，置生根室花架上，保持9℃室温经过90天左右冷处理，或根据供花时间延长。多数11月～翌年3月可供花。

(6) 生根后对温度的要求：

温室中温度根据一年中不同生长期的需求而变化。如果将花期控制在元旦前，其室温控制在23～25℃；控制在1月份室温需稍低，保持在20～23℃；控制在2～3月，温室温度应保持在18～23℃。通常17～18℃室温会推迟花期。

(7) 采收：

花梗在鳞茎上5厘米高的位置开始生长，小花1～2朵刚开时采收。采收后按其成熟度、高度、小花数量及坚硬度进行分级。

(8) 贮藏：

习惯上是带鳞茎供应市场，或按要求将鳞茎片用利刀或专用工具切开以延长花梗，由花梗基部切下，用清水洗净伤流与杂物，贮存在2℃的冷室中。

10. 住楼房五层，10月份在花展会上选购的风信子鳞茎，怎样栽培才能正常开花？

答：住楼房环境，土、肥、水、光、温、风均受到一定限制，要比地面栽培困难得多，要多花费一些时间也能达到满意效果。

(1) 选择栽培容器：

通常多选用瓦盆或硬塑料盆，口径10～18厘米，小盆栽植1枚，大盆3～5枚。容器必须清洁干净。

(2) 栽培土壤：

阳台栽培较理想的组合土壤为普通园土30%、细沙土30%、腐叶土40%，另加腐熟厩肥8%，应用腐熟禽类粪肥、颗粒粪肥、腐熟饼肥为3%～4%。或沙壤土、腐叶土各50%，另加肥不变。经充分晾晒或高温消毒灭虫灭菌后应用。也可直接由花卉市场选购球根花卉栽培土栽植。

(3) 鳞茎选择：

购买鳞茎时，最好选已经过冷处理的，周长16～17厘米、17～18厘米、18～20厘米光滑周正、无人为机械损伤、无病虫害痕迹的鳞茎。如果未经冷处理，栽植后经一段冷气候也能良好开花。

(4) 上盆栽植：

将盆底孔用塑料纱网或碎瓷片垫好，填装栽培土2～3厘米厚，刮平压实。沿盆壁撒薄薄一层腐熟肥或颗粒肥，再填土压严。填至距盆沿5～6厘米处，再次刮平压实，将鳞茎芽点向上摆放于土表，四周填土，随填随压实，露出芽点，至留水口处，再用双手各握盆沿一端，在土地上上下蹾2～3下，使土壤紧密贴于鳞茎。

(5) 摆放要求：

上盆后摆放在室内光照充足处。如果是没经过冷藏的鳞茎，最好摆放在敞开阳台光照充足处。夜晚如出现0℃低温，移入室内，次日再移回阳台，至叶片抽生、花蕾出现后，再固定在室内光照较好处。花箭全部抽出后，改为陈设性摆放。花后摆放在通风、光照良好的凉爽地方，促使新鳞茎生长。

(6) 浇水：

摆放时盆下放一个接水盘，浇透水后保持盆土偏湿。因室内空气湿度偏干，风信子生长期间需要较多水分，应在整个生长期保持湿润，花期更是如此。浇用的水应预先由自来水放入瓶罐盆等容器中，待水温与室温相近时再浇，以免因冷水造成植株暂时停止生长。浇水时间最好在上午或中午。

(7) 追肥：

当叶片抽生后即浇施稀薄液肥，以后逐步加浓，每20天左右1次。特别是花开后，新鳞茎有迅速生长的习性，应改为10天左右1次。应用无机肥以磷、钾肥为主，兼施氮肥。选用市场小包装肥时按说明施用。

(8) 松土除草：

组合配置的土壤相对比较疏松，板结的机会较少，土壤表面不板结时可免除松土，但杂草仍会时有发生，应随时发现随时薅除，除草要除根，不给其再生机会。

(9) 鳞茎贮藏：

花后移至通风良好、光照充足的阳台上，当自然气温白天稳定在20℃以上时，移至北向阳台，这样能延长生长期。另外花后仍应继续追肥，以促使新鳞茎膨大充实。待叶片全部枯黄后剪除地上部分，脱盆去净宿土及杂物，稍阴干，用药剂消毒灭菌，再次阴干后，用旧报纸包裹好，置通风凉爽处越夏。放于冰箱冷藏室，种球会更充实，更有利于开花。

11. 家庭条件怎样水培风信子？

答：(1) 栽培容器选择：

可选择能盛水的广口瓶、罐、盆、钵等为容器。容器清洁干净，有条件时可用高锰酸钾、来苏尔水等消毒一遍后应用。

(2) 选择鳞茎：

选择周长18厘米以上鳞茎，并要求光滑圆整，无人为机械损伤，无病虫害痕迹，特别是根盘(缩短的茎)处完整无损。

(3) 水培季节：

入冬11月至翌春3月。

(4) 浸泡方法：

将鳞茎外一层膜质鳞片剥除，盘根处清理干净，此处如果过厚，可用芽接刀刮去陈旧硬皮，操作时要保护好跟盘四周生长点。然后芽点向上浸于盆钵等盛水的清水液中，水的温度最好能保持17～25℃，并每天更换新清水。待新根发生后，即可定植于栽培容器中。根长1厘米以上时，水中加入浓度0.2%～0.3%硫酸铵及磷酸二氢钾，或花卉市场供应的花卉栽培营养液，此时约10天左右换水一次，但保持水的洁净，一旦发现水质有变化也应及时换水。

(5)放置地点：

生根期能放置在光照充足处更好，如无条件只要保持水温即能良好生根及叶芽、花芽的伸长。定植后最好置光照充足处，光照不足叶色变淡、变软，花色变暗，花梗变软易倒伏，更甚者根系腐烂，不能正常开花。只有在光照充足处才能良好生长。花期陈设时，可摆2～3天后移回光照较好处养护1～2天，如此反复进行可延长观赏期。如果能有两瓶以上交换陈设，应该是最为理想的。

12. 阳畦或小弓子棚苗怎样促成栽培?

答：不同品种鳞茎在低温期栽培需9～13周（60～90天）后，即可移入温室栽培。为保证开花质量，移入温室后，将室温控制在10～13℃之间，7～10天后升至17～19℃，经10～15天可将温度调至20～25℃，即可良好开花。

13. 切花风信子每平方米种植多少枚鳞茎?

答：切花风信子目前多数栽植于栽植箱中，但其栽植密度与苗床、平畦等是没有多大区别的。

切花风信子每平方米栽植鳞茎量（参考数）可参考下表：

鳞茎周长（cm）	每平方米栽植数量（枚）
14～15	500左右
15～16	450左右
16～17	400左右
17～18	350左右
18～19	300左右

14. 家住楼房，去年栽培的风信子元旦后开花很好，花开完干枯后，连盆带土及鳞茎放在北侧阳台护栏中。今年10月挖出鳞茎，想用原盆及土栽植，发现鳞茎比去年稍小些，但已经发芽，是否能开花？

答：实际上开完花的鳞茎在原盆原土中休眠了，这种鳞茎仍能开花，但小花数量要少一些，花期稍晚一些。风信子不能连作，需要更换新土，花盆也要清洗后再行栽植。

15. 单位绿地中要求片植葡萄风信子，应怎样栽植养护？

答：葡萄风信子又名蓝壶花。绿地应用多在10～11月栽植，栽培养护较为简易。选背风向阳、排水良好场地进行栽植。

(1) 平整栽培场地：

将场地内杂草杂物清理出场外，并做妥善处理。场地内如有园林绿化设施应进行检修，新增设施也应在栽植前施工完成。

(2) 翻耕叠埂：

清理平整后即进行定点放线。从线内侧翻耕。如果绿地中尚栽植其它苗木花卉，应集中整体翻耕。翻耕应视具体情况决定深度，如其它花灌木需要翻耕35厘米以下，栽植葡萄风信子地块也随之深耕35厘米，如果是独立地块，深度不浅于25厘米。土壤垃圾杂物应过筛筛除，如垃圾杂物过多时应换土，客土应为疏松肥沃的园土。翻耕的同时假如深度为35厘米，施入腐熟厩肥每亩3000～4000千克，加腐叶土2000～2500千克，应用颗粒粪肥、腐熟禽类粪肥、腐熟饼肥时应为1000～1500千克，随翻耕随搅拌，使其均匀分布。如面积较大，应分畦叠埂，埂通常高10厘米左右，宽10～15厘米，但边埂高要在叠好耙平踏实后15～20厘米，宽25～30厘米，以便于浇水时水不流失。

(3) 栽植：

选光滑充实、无人为机械损伤、无病虫害痕迹、周长14～17厘米较小鳞茎，按8～10厘米×10～12厘米株行距栽植，覆土深度2～2.5厘米。覆土能选用腐熟牛马粪、废菌棒、腐熟稻谷皮、腐叶土等轻质材料则更好，更利于翌春发芽出土，也肥沃了栽培场地。

(4) 浇水：

因土表轻疏，水易流失，在浇水时需在进水口垫一块草垫或麻袋等编织物，将水浇在草垫上，通过草垫流入畦中，以减轻冲击力，防止将地表冲得坑洼不平。浇透水后保持畦土湿润，不过干不过湿。临近冻土前浇越冬水，翌春浇返青水。生长期间保持湿润，花期保持偏湿，花后保持偏干。

(5) 追肥：

翌春化冻后，将覆盖的有机质平垫于植株间，并进行第一次追液肥或埋施腐熟肥料。埋施可选用直沟埋施、井字埋施及围施。具体做法：直沟埋施为按行的空档用铁锹或苗铲掘一条小沟，沟深3～4厘米，宽3～4厘米，也可用小锄头耕沟，将腐熟肥料撒入沟中然后原土回填、耙平、压实。井字围施是株行间空档掘开施入肥料。围施顾名思义以植株为中心，呈圆周开沟施入肥料，原土回填、耙平、压实的方法。不论哪种追肥方法，均不能伤及鳞茎。

(6) 中耕除草：

通常与草地结合种植，即种植葡萄风信子球根后，其株间或边缘铺人工选育的观赏草，故除草时只薅锄杂草，保护好观赏草。由于保护观赏草，就无法中耕可免除中耕松土。如栽植场地不铺草地，独立栽植葡萄风信子，肥后、雨后土壤板结时应松土。除草工作是长期的工作，杂草在适温、适湿环境中时有发生，因此除中耕配合除草外，随时发生随时薅锄，薅锄时一定要除根，以免再生。

(7) 更新：

通常3～5年掘苗重新种植一次。葡萄风信子忌重茬，原栽培地应更换栽植其它花卉，3～4年后可以再栽植葡萄风信子。挖掘出的鳞茎，应另选择栽培场地栽植。

16. 如何应用容器栽培葡萄风信子？

答：葡萄风信子多应用于绿地种植，很少用盆栽供应市场。

(1) 栽培容器选择：容器栽培葡萄风信子多为多株组合栽培，很少有单株栽培的，故选择花盆时口径不宜过小，通常以口径14～18厘米为好，栽植6～12个小鳞茎。材质应以高筒瓦盆为最好，就目前而言多选用硬塑料盆，既轻便、易保洁、又美观，也可应用白砂盆、红泥盆、紫砂盆、陶盆、釉盆、瓷盆等。近来应用小卡通盆栽植也很美观。为了降低造价，节约成本，也可用小营养钵，通常10×10厘米营养钵栽植1～3株，给栽培或更换大盆带来方便。

(2) 栽培土壤：容器栽培葡萄风信子，土壤要求疏松肥沃，富含腐殖质，排水又含水良好。可选用：沙壤土或细沙土50%、腐叶土或腐殖土50%，另加腐熟厩肥8%，应用腐熟饼肥、腐熟禽类粪肥或颗粒粪肥应为4%～5%；普通园土30%、细沙土30%、腐叶土或腐殖土40%，另加腐熟厩肥8%～10%，应用腐熟禽类粪肥、腐熟饼肥或颗粒粪肥为5%左右。无论应用哪种组合，均需经充分晾晒或高温消毒灭菌。

(3) 上盆栽植：将预先准备好的花盆用塑料纱网或碎瓷片垫好底孔，填装2～3厘米厚建筑用陶粒，或腐叶土过筛时筛出来的粗料，粗料上填栽培土至盆沿口下1～2厘米处，随填随压实，浇透水。待水渗下后，用手将小鳞茎芽点向上按压于土表下，覆土1～2厘米。覆土最好应用腐熟牛马粪、稻谷壳、食用菌棒废料、腐叶土等。

(4) 摆放：上盆季节正值初冬，自然气温逐步下降。为使其在低温环境中生根发芽，故应放置在直射光照的露地环境或稍有半阴场地。摆放花盆横向约0.6米长，或者小盆5～8盆，大盆3～4盆一排，长向按场地情况而定成为一方，方的一侧应预留搬运及操作通道，习惯上1.2米宽左右，方与方间通道不小于0.4米。摆放时应横成行、竖成线，干净利落。

(5) 浇水：栽植鳞茎前浇一次水，是为将鳞茎轻易地压入土壤中。摆放好仍需浇透水，是为鳞茎与土壤紧密结合在一起。以后保持偏湿，以利于新根发生、生长伸长。生长期间保持湿润，使土壤中空气含量与水分含量呈合理状态。花期稍偏湿，以利于花朵正常开放。雨天及时排水。用浇壶浇水，壶嘴应接近盆土表面。用水管浇水尽可能调低水压，减少冲击力，以免将盆土冲出盆外或造成坑洼不平。冻土前浇水后收藏。翌春浇返青水。冬季在冷室、小弓子棚、阳畦越冬，苗应尽可能控制浇水。促成栽培应正常浇水。

(6) 追肥：生长期间由翌春新芽萌发后开始追稀薄肥水，以后逐步加浓，每20天左右追肥1次，花后7～10天1次。从开花至休眠阶段，地下鳞茎生长膨大较快，此时追肥非常必要。

(7) 中耕除草：肥后、雨后结合除草进行中耕松土。杂草在适温、适湿环境中时有发生，应随时薅除。

(8) 出圃供应市场：葡萄风信子茎叶细弱，小花较多，应于出圃前适当支杆，并对残败叶进行修剪。栽培容器进行清洗后供应市场。

(9) 冬季养护：葡萄风信子鳞茎耐寒，在北方可露地不加覆盖越冬。为防止冻坏容器，便于促成栽培，应在冷室、阳畦、小弓子棚内越冬。数量不多也可覆盖或壅土越冬。冷室内空间较大，可采取分层叠放，但不要压在鳞茎芽点土面上，以免造成畸形苗。

(10) 鳞茎休眠期养护：花后移至半阴凉爽场地，继续浇水追肥。待地上部分枯萎后，脱盆去宿土及杂物，鳞茎球稍风干后按照大、中、小分为3类，分别贮藏于竹筛、箩筐或专用贮存箱内，置种球库通风良好处。贮藏期间要勤检查、勤翻动，发现病球及时捡出处理。另一种方法是栽培数量不多，可于地上部分枯萎后由土表剪除，原盆带宿土置温室内北侧闲置的场地，待栽植时脱盆去宿土取出鳞茎，再行栽植。栽植时需换新土。另外原盆贮藏必须在无病虫害的情况下才能采用。

17. 葡萄风信子能在住楼房的环境栽培吗？

答：住楼房栽培葡萄风信子，需有敞开阳台或护栏与封闭阳台相结合。可作正常花期的常规栽培，也可作促成栽培。

(1) 栽培容器的选择：家庭条件对栽培容器的材质、形式不必苛求，有哪种就用哪种，但必须清洁、干净。如应用的旧容器黏结有水垢，可用锉刀刷、钢丝刷等将其清除后，再用清水洗净。应用小盆栽培时，如口径10～12厘米，每盆栽植鳞茎3枚，14～16厘米5～12枚。栽植数量的多少为参考数字，可依据实际情况而定。

(2) 栽培土壤：栽培土壤必须疏松、通透，富含腐殖质，排水良好，以弥补盆栽空间局促的不足。可选用：沙壤土或细沙土50%，腐叶土或腐殖土50%，另加腐熟厩肥5%～8%，应用颗粒粪肥、腐熟禽类粪肥、腐熟饼肥4%左右，应用市场供应小包装肥按说明掺入。

普通园土30%、细沙土30%、腐叶土40%，另加腐熟厩肥5%～8%，或腐熟禽类粪肥、腐熟饼肥、颗粒粪肥4%左右。加肥量的多少以腐叶土沤制时的加肥量而定，腐叶土含肥量高少加肥，含量低多加肥。土壤须充分晾晒或高温消毒灭菌后，翻拌均匀后应用。

(3) 上盆栽植：将备好的花盆用塑料纱网或碎瓷片将底孔垫好，再填装建筑用陶粒厚2～3厘米，填装2～3厘米栽培土，刮平压实，沿盆壁撒一圈腐熟有机肥，再填土至盆高的1/4～1/3，随填随压平，浇透水，将小鳞茎芽点向上用手压入土壤中，覆土1～2厘米厚，刮平压实。

(4) 摆放位置：摆放在阳台或护栏光照充足场地。随气温降低，用塑料泡沫箱保护。11月份以后可随时做促成栽培。也可继续养护，越冬后自然花期开花。

(5) 浇水：栽植鳞茎前浇一次水，是使盆土水夯实及易将鳞茎压入土壤中，栽植后浇透水是为使鳞茎与土壤贴实，并提供生根用水。以后保持偏湿，并在盆下放一个接水盘。当自然气温出现0℃时，除去接水盘置塑料泡沫箱内，白天打开充分受光，晚间盖严防寒。

(6) 促成栽培：距用花前20～25天，将盆移至室内，室温15～20℃，光照充足处，垫好接水盘保持盆土湿润，通常能按时开花。室温低推迟开花，室温高提前开花。

(7) 追肥：家庭环境，容器栽培追肥可选用尿素、二胺、磷酸二氢钾等无机肥，原则上以磷钾肥为主，氮肥为辅。于新叶萌发后开始追浇，浇灌浓度为0.2%～0.3%。也可按说明施用市场供应的小包装肥。施肥后需有充足光照，光照过弱条件不应追施肥料。

(8) 松土除草：家庭栽培数量不多，发现土表板结即浅松土，发现杂草随时薅除。

(9) 鳞茎贮藏：花后移至凉爽、向阳或光照充足场地，也可移至北向阳台，继续追肥浇水，直至茎叶枯黄时，将地上部分剪除，脱盆取出鳞茎除去杂物，稍风干后用旧报纸等包裹好，置阴凉处越夏。也可原盆剪除地上部分后，带盆土置北向阳台雨淋不到的地方越夏。

18. 老城中庭院内有地栽石榴、丁香等，在树下如何栽培葡萄风信子？

答：老城市中的庭院多数为反复建筑的场地，地下情况极为零乱复杂，土壤多为建筑渣土，甚至为建筑基础。地栽石榴、丁香等花灌木也可能是按穴换土栽植的，故在栽植前必须搞清栽植土壤情况，进行处理后才能栽植。一般情况下，栽植葡萄风信子翻耕深度为25厘米左右，假如土壤中破碎的砖瓦石砾含量过多，应过筛或换土。客土应用疏松肥沃的园土或人工配制的组合土。如遇有建筑物基础，应全部拆除更换新土。另外栽植于石榴、丁香等树下，它们也需要大量养分，因此土壤施肥量、施肥方法也应该考虑翻耕或更换普通园土时，按深度25厘米应施入腐熟厩肥每平方米1.5～2千克，并加入腐叶土1.5～2千克，如果深于25厘米，应考虑花灌木耗肥量，适当增加施肥量。

土地整理好后，即可按8～10厘米株行距栽植。栽植前将四周叠秒畦埂并浇透水，水渗下后用手将鳞茎芽点向上按入土壤中，随后再浇一遍水，渗至无明水时覆土1～2厘米，保持畦土湿润。冬季有条件时覆盖一层草帘保护。翌春化冻后掀除覆盖物。新叶萌发后开始追肥，每20天左右1次，并保持畦土湿润，花期稍湿些。雨季及时排水。3～4年掘出鳞茎，选地重新栽植，原地改植其它花卉，3～4年后仍可再栽植葡萄风信子。

19. 家中小盆栽的风信子花梗为什么很短？有什么方法使它长长些吗？

答：家中常用口径10厘米左右小盆促成栽培风信子，花梗短矮的主要原因是低温期不够长，促成生长期室温过低，供水不足、光照不足等原因。鳞茎休眠，由常温进入低温期后，低温期应不少于50天，75～90天较为理想，此后花、叶形成后需要根系提供水分才能良好生长、伸长，如果室温不足，根系即便有充足供水，生理活动也不可能正常进行，此时必须有适当的室温及良好光照。室温不足、光照过弱导致根系不全，茎干变短。只要有良好供暖、供水、光照，就能形成良好的形态。

20. 村边晒谷场旁堆有一座小山似的谷皮、豆皮、豆秧、麦秆、玉米秸秆等，能否运回小花圃代替腐叶土？

答：这些粮食作物打完粮食后，剩余的碎皮、秸秆粉碎后，本来就是沤制腐叶土或垫圈的良好原料。可将其在原地分类过筛，将其中过大、过长的及尚未发酵腐熟的运回粉碎堆沤，腐熟后应用。也可用于垫圈后沤制作厩肥应用。已经经过堆沤发酵腐熟，且经过筛的部分，即可代替腐叶土用。

21. 村外小山坡下堆有大量树枝、树叶、杂草，上面仍在继续上堆。能否作沤制腐叶土材料。已经腐烂变成黑褐色部分能否过筛后应用？

答：树枝、树叶、杂草本来就是沤制腐叶土最好的原料之一，运回后将较长、较大的树枝粉碎连同未发酵腐烂的部分进行沤制，或用作垫圈作厩肥。已经腐熟变黑部分即可作腐叶土应用。如果有条件作二次堆沤则更安全、更好用。

22. 食品厂外堆有很多花生皮、核桃皮及食品残渣，朋友建议运回花圃沤制腐叶土，是否可行？

答：花生皮内含有防腐物质，沤制时不易发酵腐熟。由于含纤维素、木质素多，可将其粉碎加入土壤中，也会改变土壤团粒结构。核桃皮及食物残渣可沤制腐叶土或用于垫圈沤制厩肥。

23. 怎样沤制有肥腐叶土？

答：于秋季选背风向阳、排水良好的场地进行平整，按需求量多少确定面积，通常场地为圆形、方形或长方形。在场地内部取土叠埂，初叠埂高25～30厘米，宽25～30厘米。内部耙平后填一层细沙土，厚10～15厘米，其上填落叶、杂草或粉碎的树枝、树皮、禾秆、豆秧等，厚约30厘米。将土埂随填层加高。落叶等上灌一层禽类粪肥或人粪尿，厚度3～5厘米，上面用普通园土或细沙土压严，再铺30～40厘米落叶等，落叶上再铺一层禽类粪肥等，依次叠至1.5米高左右。如果场地受限，也可叠至1.8米，不可再高，再高操作就不方便了。围埂随之增高，中部以上埂宽应由25～30厘米逐步缩减至10厘米左右，直至将顶部封严，顶部留通气孔，每个通气孔直径应不小于15～20厘米。最好用塑料薄膜全部封严。翌春化冻后掀开塑料薄膜，由一侧开始翻拌倒垛。倒垛时用三齿镐立向一层层倒下在地面，将硬块、大块、黏结在一起的块捣开捣碎，再次叠堆。叠堆要整齐圆整，堆好后仍需用塑料薄膜盖严。月余再倒1次，直至全部腐熟后过筛。筛下的部分经过充分暴晒呈干土状，即可应用或贮藏；筛上的未发酵腐熟部分再集中发酵腐熟。

24. 如何沤制厩肥？

答：常见厩肥大多为猪粪尿、禽类粪尿、牛马羊兔等的粪尿、饲料残渣及垫圈材料、泥土等混合物所组成。其中，垫圈的材料种类繁多，如剩菜剩饭、米汤面汤、摘菜废弃的部分、谷壳、稻壳、麦皮、粉碎的作物秸秆、棉枝、豆秧、杂草、树枝树叶等。通过牲畜的践踏，将这些物质混合在一起，又通过层层堆积达到一定厚度，即可将其清掘出圈栏，俗称"起圈"。堆沤场最好距畜栏不远，应有搬运通道。堆沤前平整好场地，铺一层细沙，然后将厩肥堆放于细沙土上，随堆随喷水，使其处于潮湿状态。堆放要方圆规整，堆至1.2～1.5米高，最后覆盖塑料薄膜，以增温防风防雨。30～50天翻拌倒垛一次。通常倒垛2～3次后摊开晾晒，露地栽培时即可施用。用于容器栽培，需待土壤中没有明显热量及异味发生时才能施用。

25. 怎样沤制无肥腐叶土？

答：沤制无肥腐叶土与沤制有肥腐叶土方法基本相同，所不同之处为不加入粪肥。细沙土上即为落叶，落叶上为普通园土或细沙土，依次堆至1.2～1.5米高。堆放中每层均需喷水使其潮湿。其它参照23问有肥腐叶土沤制方法操作，即能沤制出无肥腐叶土。

26. 禽类养殖场中的鸭鹅池，每年秋季或春季均掏出大量黑色污物，能否用作露地栽培用基肥或追肥？

答：鸭鹅池内的黑色物质应为鸭鹅粪便、饲料残渣及养殖场内冲入的泥土及杂物，应该有一定肥力。用于栽培露地花卉，应挖掘运回后堆沤1个月左右，摊开晾干、过筛后即可施用。可作基肥，也可作追肥。施用量参照厩肥施用。

27. 山坡杂木林下发现有大量腐叶土，踩上去软绵绵的，上层10厘米厚为干黄色，质脆，脚一踩就碎。下面是潮湿的，约有1.5～1.8米厚，为黑褐色，比较完整。是否能开发作腐叶土经营？

答：山区或半山区杂木林下的落叶，年久堆积形成一个腐叶土层，在一些自然保护区并不少见，如少量应用不会有问题。如欲开发，需找专家评估、调查其质量及贮藏量、市场需求量、运输道路情况。另外还需考虑采掘时植被破坏怎样修复，以及山洪对山下的影响，并通过当地政府核准才能开发经营。

28. 木材转运厂堆有大量锯末、刨花、木屑、树皮、树枝等，能否用来堆沤有机腐叶土？

答：锯末可直接加入肥料沤制，刨花、木屑、树皮、树枝应粉碎后堆沤。锯末、树皮、木屑等含大量木质素，腐熟慢，产生热量低，堆沤时只要肥料已经充分腐熟即可施用。

29. 风信子、蓝壶花等，花期能不能采用喷灌补充水分？

答：目前绿地中浇灌草地、宿根花卉等，均选用喷灌，又省水又节省人工劳力。但在风信子、蓝壶花花期喷水，水分常积于花朵之上，加重花梗承重而造成倒伏。由于花梗较短，花丛低矮，泥土也易溅于花叶上。故最好选用浇灌或滴灌，不采用喷灌。

30. 我们这里浇灌农作物全部使用塘水。塘中有大量水草，随水流被抽上来，这种水对浇灌花卉有无害处？

答：既然浇灌农作物没受到任何伤害，说明塘水并没有化学污染，可以放心地浇灌。所带上来的水草干枯后可清理出去，或用工具将其碾碎，掺拌于土壤中。因量很小，即使产生极少量有害气体，也不会对植株有害。如长时间堆积不作清理，越堆越多，很可能成为害虫的藏匿之地。

31. 河水、塘水、池水、井水、深井水、泉水、自来水，哪种水浇灌盆花最好？

答：河水、塘水、池水为最好，这些水直接接受太阳直晒，水温与自然气温或土温相近，浇灌后植株可不间断吸收应用。井水次之。深井水、泉水长时间在地下衡低温存在，夏季与土壤温差较大，一些有用矿物质不接触空气，不能分解，应经水塔、沟渠等晾晒、流动后再浇灌最好。自来水中含有一定量消毒灭菌剂，需经晾晒挥发后浇灌为最好。

32. 家庭栽培风信子等，浇灌养龟水有没有害处？

答：乌龟为杂食性动物，但以肉食为主，其排泄物营养丰富，用来浇灌花卉益处大于害处。所说的益处即为良好的肥料。所说的害处为在发酵腐熟过程中会产生一些有害气体及还原物质。由于在水中排泄物含量不是很大，且浇灌时浇在土表，浇灌后很快被挥发，对植株不会产生大的伤害，反而促进健壮生长。

33. 鸡鸭养殖场清洗圈舍的水沉淀后流入排水沟，想将其引入花圃浇灌花卉是否可行？

答：这种水只要没有化学物质污染及洗涤剂，可以用来浇灌花卉。因水中含有一定量肥料，可依据实际情况减少追肥次数或追肥量。如果水变得浑浊，含肥量过大时，最好停用。浇用这种水最好是在下午，以免所含肥料产生的热量与土温相加烧坏根系。

34. 住宅小区距花圃约1千米。小区化粪池长时间没清掏了，这种粪肥能不能运回花圃作基肥施用？

答：住宅区化粪池中贮存的人粪尿，很可能夹杂一些洗涤剂，但量不会很大，大多数可运回堆沤、水发，晾晒后用作基肥或追肥。其中堆沤指沤制腐叶土或堆肥中将其加进去，水发指在晒粪池内加入适量水发酵腐熟，晾晒指加入适量炉灰搅拌均匀后晒成粪干，或晒干后粉碎成末再施用。人粪尿含有机物约5%～10%，含氮0.5%～0.8%，磷0.2%～0.4%，钾0.2%～0.3%，可溶性盐1.5%，pH值中性，易分解，是一种偏氮的完全肥。通常基肥用量为土壤容重的5%～8%，高密度园土、贫瘠园土可增加到10%。

35. 怎样水培风信子？

答：风信子成年开花的鳞茎既能土壤栽培，也能像水仙一样将根系浸泡于水中，在水中栽培开花，称为水培。

(1) 容器的选择：

凡能盛水的器皿均可选用。如瓶、罐、盂、杯、碗、盘、盅等。通常习惯上常用玻璃瓶，既观赏花朵，又观赏根系。应用的瓶用高锰酸钾或次氯酸钠清洗消毒灭菌，控干后待用。

(2) 鳞茎的选择：

选光滑周正，无人为机械损伤及病虫害痕迹，周长17厘米以上的鳞茎。将根盘底部刮净，操作时勿伤根盘四周的生根点或幼根，再将外面膜质层清除，在清水中洗净。如有条件可在高锰酸钾水溶液中浸泡20～30分钟，取出后浸于备好的清水中，置室温18～20℃处，家庭条件可放在暖气罩上。浸泡时最好芽点向上，以免根系发生有前有后，不好入瓶。浸泡后如水有混浊，应及时换水。换用的水温要求与浸泡用的水温基本相同。水过于混浊，根系先端易受损伤，一旦损伤，根系停止生长、伸长，将无法挽救。当新根基本发生后，即可移置于栽培容器中。

(3) 装瓶及养护：

装瓶水在一开始时最好用清水，3～5天更换1次。待根长2～3厘米时，水中加入少许磷酸二氢钾。放置在室内光照充足、明亮处。装瓶通常将鳞茎外露2/3，浸入水中1/3，或只将根系浸入水中，鳞茎裸露于容器外。应用广口器皿，多数选用小石块挤压固定，也可自制金属架支撑。

五、病虫害防治篇

1. 怎样暴晒栽植土壤消毒灭菌?

答：暴晒土壤消毒灭菌，对小花圃及业余花卉栽培爱好者来说，是既经济又方便、且行之有效的消毒灭菌方法。操作方法是，于夏季将土壤均匀平铺在水泥地面或其它硬质地面上暴晒至干透。夏季直射光照下的硬地面温度可达60℃以上，最高可达75℃，一些病原菌类及土壤中的害虫的若虫及成虫和其它动物的幼体，已经发芽或将要发芽的杂草种子均能被杀死，另外还能使蛞蝓、蜗牛等爆裂，使蚯蚓、蛴螬、鼠妇、马陆等干死。晾晒中如能喷洒一遍50%多菌灵可湿性粉剂，或65%代森锌可湿性粉剂500～600倍液，加50%辛硫磷乳油或40%氧化乐果乳油1000倍液，随喷洒随翻拌，主导或辅助杀虫灭菌则更好。暴晒消毒灭菌适用于所有盆栽花卉的土壤。

2. 怎样应用氯化苦对土壤进行消毒灭菌?

答：氯化苦又称三氯硝基甲烷、硝基氯仿等，纯品为无色液体，遇亮变为淡蓝色。工业用氯化苦为一种黏稠状黄色透明液体，含量有80%及98%～99%两种。没有燃烧或爆炸的危险性，有刺激性臭味，在极低的浓度下，易使人眼黏膜感到强烈刺激而致催泪，固有示警作用。氯化苦难溶于水，易溶于酒精及煤油中，吸附力很强，特别为多孔物质所吸附，如腐殖质、有机肥等，并且在潮湿物体上可以保持很久。化学物质稳定，与沸水煮沸1小时仅分解0.21%。应用方法为，在温室中将栽培土壤摊开，厚度30厘米左右，压实耙平，于土表上划边长30厘米方格，可由一侧起，也可由中心向两侧进行，每格中心掘一个深10厘米左右的穴，也可在摊土时放一个木棒、钢管等，压实后拔出，使之留下一个孔洞。每穴中灌入氯化苦3～5毫升，待渗下后立即将穴孔用原土填满。所有方格中孔穴全部灌注后再覆盖塑料薄膜。经7～10天后掀除塑料薄膜，翻拌至无刺激味时即可应用。消毒的土温在15～20℃时效果最好，10℃以下气化不良。应用氯化苦对很多种病原菌和线虫杀灭有良好效果，对常见害虫的成虫、幼虫杀灭效果也好，但对蛹及卵杀灭效果不佳。

应用注意事项：(1) 工作人员必须戴防毒面具、穿胶皮鞋、带胶皮手套。

(2) 非工作闲杂人员应远离现场。

(3) 温室门窗全部打开。室外熏蒸时，应由下风口向上风口方向进行。

(4) 氯化苦对铁器有腐蚀作用，能移动的铁器移离现场，不能移动的涂一层凡士林保护。

(5) 氯化苦对人畜为剧毒农药，每升空气中含有0.06毫升的氯化苦能使人眼睛流泪；含0.07毫升时对咽喉有刺激作用，会引发咳嗽；含0.125毫升时会引发恶心呕吐，经半小时至1小时致人死亡；如含量为0.2毫升10分钟即可死亡。故发现中毒应立即送往医院抢救，对中毒者禁止进行人工呼吸，可用氧气救治。

(6) 用氯化苦进行消毒灭菌工作时，最少应有两人，便于提醒安全注意事项。

(7) 小花圃及业余花卉栽培爱好者，最好不用化学消毒、灭菌、灭虫方法。

3. 怎样应用高温对土壤进行灭虫灭菌？

答：利用高温消毒灭虫灭菌是较传统的方法。在封闭容器中加温至100℃保持10分钟，或80℃保持20分钟，即能将土壤中微生物全部杀死，其中包括有益菌类及有害菌类，并影响肥力，将硝化菌也杀死，使铵态氮积累，可溶性锰、铝增加，而造成生育性障碍。目前采用60℃保持30分钟，既可杀死土壤线虫和病原菌，又使有益菌及硝化菌得以保留，可溶性肥料有所增加。用土量大时，多选用锅炉供热，在封闭温室内进行。

4. 业余花卉栽培爱好者能否利用屋顶晾晒栽培土？

答：利用屋顶晾晒栽培土，因光照充足、热量高，是良好场所。但应了解建筑物承重及结构情况，不能因晒土而损害建筑物。家庭栽培用土量不会很多，可将土壤装在浅木箱、金属盘中摊开，晾晒于屋顶。数量较多时可分次、分批晾晒。

5. 家庭条件怎样利用蒸汽对土壤进行高温灭虫灭菌？

答：家庭养花应用土壤数量不会太多，可用一般蒸锅，在笼屉上放入栽培土，蒸至冒气后再蒸10～15分钟即可应用。

6. 怎样应用溴甲烷对栽培土壤进行消毒灭菌？

答：溴甲烷对防治疫病、线虫病很有效，但对镰刀菌、丝核菌防治较差。对害虫各个不同生态时期均有很强的毒杀作用，对螨类也有效。溴甲烷渗透力强，在低温环境也能应用。夏季应用为20～30克／立方米，冬季为30～40克/立方米，掺拌均匀后密封7～10天后，掀除密封物，待无刺激味时即可应用。溴甲烷对人畜有剧毒，操作时除戴防护面具、穿胶皮鞋、戴胶皮手套外，要遵守安全使用规则，决不可放松大意。

7. 单位小花房每年都栽培部分风信子，每年均有病害发生，土壤怎样用氯化苦消毒灭菌？

答：可选用容积适量的塑料袋，将栽培土壤装入塑料袋中，按第2问题的量及季节加入氯化苦，将塑料袋口封严，7～10天后将其倒出，翻拌晾晒，至无刺激味时即可应用。

8. 怎样应用甲醛对土壤进行消毒灭菌？

答：甲醛又称蚁醛，其40%溶液称福尔马林，在常温下很易挥发，对金属有腐蚀性，对人畜毒性较小，但蒸汽对人有剧毒，应防止吸入，对皮肤及黏膜有强烈刺激。对一般有害生物防治均有效。市场供应商品可加水50倍施入预处理的栽培土壤中，翻拌至稍湿后堆放在一起，用塑料薄膜覆盖封严，14～15天后掀开塑料薄膜，摊开晾晒1～2天即可应用。

9. 怎样应用升汞液对土壤进行消毒灭虫灭菌？

答：升汞液又称氯化汞，有杀菌力强、渗透性好的特点。通常用于小面积消毒灭菌。对人畜有剧毒，切勿入口及接触皮肤。应用时先将升汞晶体用40℃温水溶解，配成0.1%升汞液，再按每平方米0.5米厚的栽培土分多处灌注3升升汞液，也可按上述土方量用3升升汞液喷洒翻拌均匀后用塑料薄膜覆盖15～20天后掀开塑料薄膜，将栽培土摊开晾晒2～3天后即可应用。

10. 风信子根肿病如何防治？

答：风信子根肿病又称根瘤病。根系初发生时正常，伸长至一定程度即产生白色小瘤体，长势减弱，有时发生小花干腐，影响生长发育，严重时全株枯死。

防治方法：

(1) 贮藏期严格消毒灭菌，注意加强通风，勤检查，勤翻动，发现病株及时捡出集中烧毁。

(2) 严格进行土壤消毒灭菌，不连作，不重复应用栽培土。

(3) 栽培期间发现病株及时清除，并对土壤进行灭虫灭菌。

(4) 严格检疫，不使病球病株入圃。

11. 发现风信子生有芽腐病怎样防治？

答：风信子芽腐病多发生于新芽萌动、小花刚刚露出先端，小花及叶片先端产生腐烂。或在贮存期间空气湿度过小，芽处干枯，栽植后病菌由干枯处浸入植株体内危害。

防治方法：

(1) 严格检疫，不使病球病株入圃。

(2) 贮存前后及贮存期间严格消毒灭菌，加强通风，注意空气湿度，勤检查、勤翻动，发现病球及时拣出集中烧毁。

(3) 栽培土壤严格消毒，不连作，不重复应用栽培土壤。

(4) 栽培期间发现病株及时拔除，集中烧毁，并将土壤喷洒50%多菌灵可湿性粉剂，或75%百菌清可湿性粉剂500～600倍液。

12. 发现风信子腐烂病如何防治？

答：被病菌感染的鳞茎，在栽植前即可发现根的先端干枯。切开鳞茎病部为亮褐色软腐状。继续贮存或栽植后腐烂面继续扩大。另外在硬膜状外皮上发病时为明显大斑，病部干硬，由白色变为蓝绿色。发生在根或根盘处对新根发生有很大影响，根系变少，甚至不生新根，最后导致全株死亡。发生在鳞茎外皮上，往往不扩大病斑，往往也不影响开花。

防治方法：参照风信子芽腐病。

13. 发现球根根螨怎样防治？

答：球根根螨为乳白色带有肉红色，喜潮湿，不耐干旱及高温。繁殖力极强，在室温25～30℃条件下，8～15天即可完成1个世代，每头雌螨可产卵290～736粒，寿命长，大部分可存活90天以上。

防治方法：

(1) 加强检疫，勿使活体入圃。

(2) 栽培土壤加强消毒灭菌。

(3) 喷洒泼浇40%三氯杀螨醇乳油1000倍液，或5%尼索郎乳剂1500倍液，或15%哒螨酮乳油3000倍液杀除。应用40%氧化乐果也有杀除效果。喷洒或泼浇时要使鳞茎外表接触药液。

14. 竹林边缘栽培的风信子有马陆危害如何防治？

答：马陆又称具斑马陆，属多足动物，体圆筒形并有赤色斑纹，体形丑陋难看，气味难闻，使人感觉恶心。

防治方法：

(1) 数量不多时可人工用镊子捕杀。

(2) 喷洒50%西维因可湿性粉剂500～800倍液，或50%辛硫磷乳油1000～1200倍液，或40%氧化乐果乳油1500～2000倍液，或3%呋喃丹颗粒剂，每亩用量1.5～2.5千克均能杀除。

15. 有红蜘蛛危害如何防治？

答：红蜘蛛危害花卉的嫩茎、嫩叶、花蕾，使植株停止生长，枝叶变形，失绿并有一层网状物覆盖，严重时致使茎叶枯死。

防治方法：

(1) 生长期间多施磷钾肥，保持良好通风，勤向叶片喷水，保持空气湿度。

(2) 喷洒40%三氯杀螨醇乳油1000～1500倍液，或5%尼索朗乳油1200～1500倍液，或15%哒螨酮乳油3000倍液，或20%三氯杀螨砜（滴滴思）可湿性粉剂800～1000倍液，或20%杀螨酯800～1000倍液，均有杀除效果。

16. 发现有蓟马危害如何防治？

答：蓟马危害花卉叶片，使叶片出现黄色小斑点或斑纹，严重时地上部分枯死。

防治方法：

(1) 利用卷烟烟草粉直接撒入根部，充作有机质。

(2) 喷洒2.5%鱼藤精乳油800～1000倍液。

(3) 喷洒20%杀灭菊酯乳油5000～6000倍液，或40%氧化乐果乳油1500～1800倍液，或50%辛硫磷乳油1200～1500倍液杀除。

六、应用篇

1. 风信子怎样参加早春花展？

答：参加早春或迎春花展的风信子，均为促成栽培植株，常独立陈设或摆放在大盆花的前面显要位置。风信子形态整齐端正，花色明快光亮，与任何盆花均能良好组合，如与迎春或黄馨相伴，一个端庄稳重，一个飘逸自然，形成动与静的鲜明对比。与瓜叶菊为邻，一个秀丽紧凑，一个粗犷洒脱，形成质感的对比。与桃、李、梅同案，一个仙风道骨，一个洞天仙姝，燕瘦环肥各得其所。

2. 怎样设计风信子专类花坛？

答：风信子属低矮型花卉，配置花坛比较容易。应先有一个完整的设想，依据场地实际情况确定几何图形。如果为单面或三面观赏，应后面高前面及两侧低，如果为四面观赏，则中心高四面渐低。色彩上不论分块、分段均应差别较大些，使界限分明，或用白色花（中间色）为分界线，花色最好不多于4种，以免显得杂乱。容器栽培也可布置各种图案造型，还可参加切花展。

3. 风信子在园林绿地中如何应用?

答：风信子在园林绿地中主要用于片植、带植或团植，也可在草地中散植，或散点于林缘树下、石旁、墙边、篱下。那红红似娇阳，那粉胜过桃花，那白白似瑞雪，那蓝胜深海之水，那紫胜昕阳下的玫瑰。端庄文雅而不失活泼，独树一枝却胜似百花争艳。为早春的绿地带来亮丽的色彩。

4. 风信子怎样在室内陈设?

答：风信子容器栽培可陈设于桌边案头、窗台、阳台等处，给工作、生活带来一些生气。

5. 葡萄风信子如何应用?

答：葡萄风信子株型矮小，耐寒，耐半阴，多用于布置花境、林缘、疏林下、篱边、墙，散生于草地。盆栽可参加迎春花展。点缀居室、阳台，娇柔艳丽，非常可爱。也可作切花衬材。

葡萄风信子

葡萄风信子

风信子

风信子

葡萄风信子

风信子

风信子

风信子

风信子